英国数学真简单团队/编著 华云鹏 杨雪静/译

DK儿童数学分级阅读 第三辑

几何与图形

数学真简单！

电子工业出版社·

Publishing House of Electronics Industry

北京·BEIJING

Original Title: Maths—No Problem! Geometry and Shape, Ages 7–8 (Key Stage 2)
Copyright © Maths—No Problem!, 2022
A Penguin Random House Company

版权贸易合同登记号　图字：01-2024-1629

图书在版编目（CIP）数据

DK儿童数学分级阅读. 第三辑. 几何与图形 / 英国数学真简单团队编著；华云鹏，杨雪静译. --北京：电子工业出版社，2024.5
ISBN 978-7-121-47726-3

Ⅰ. ①D…　Ⅱ. ①英…　②华…　③杨…　Ⅲ. ①数学—儿童读物　Ⅳ. ①O1-49

中国国家版本馆CIP数据核字（2024）第078089号

出版社感谢以下作者和顾问：Andy Psarianos, Judy Hornigold, Adam Gifford和Anne Hermanson博士。
已获Colophon Foundry的许可使用Castledown字体。

责任编辑：张莉莉
印　　刷：鸿博昊天科技有限公司
装　　订：鸿博昊天科技有限公司
出版发行：电子工业出版社
　　　　　北京市海淀区万寿路173信箱　　邮编：100036
开　　本：889×1194　1/16　印张：18　字数：303千字
版　　次：2024年5月第1版
印　　次：2024年11月第2次印刷
定　　价：128.00元（全6册）

凡所购买电子工业出版社图书有缺损问题，请向购买书店调换。若书店售缺，请与本社发行部联系，联系及邮购电话：（010）88254888，88258888。
质量投诉请发邮件至zlts@phei.com.cn，盗版侵权举报请发邮件至dbqq@phei.com.cn。
本书咨询联系方式：（010）88254161转1835，zhanglili@phei.com.cn。

www.dk.com

目 录

鲁比　　艾略特　　阿米拉　　查尔斯　　露露　　萨姆　　奥克　　霍莉　　拉维　　艾玛　　雅各布　　汉娜

角的形成

准 备

观察这些字母。哪个字母没有形成角？

S A M

举 例

当两条直线相交于一点，就形成了角。

S A M

字母A和M是由直线构成的。

字母S没有形成角，因为它是由一条曲线构成的。

1 圈出含有角的图形。

2 哪些是角？把它们圈出来。

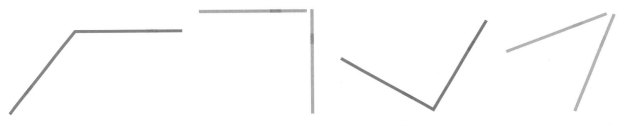

3 用尺子画出3个不同的角。

找一找角

准 备

这些图形内包含多少个角？

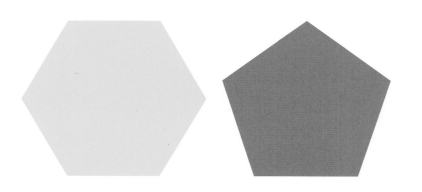

举 例

这个图形内有6个角。

这是该图形内的其中一个角。

这个图形内有5个角。

左边这个图形内有6个角，右边这个图形内有5个角。

1

这个图形有8条边。

圈出这个图形内你能找到的所有角。

2

(1) 这个图形有几条边？ ☐

(2) 这个图形有几个角？ ☐

3 用尺子分别画出一个含有4个角的图形和一个含有3个角的图形。

找直角

准 备

萨姆用大小不同的长方形拼成了一个房子。

长方形中所有的角都相同。我们也可以说它们是全等的。

长方形中的角是什么种类的角？

举 例

图片中所有的角都相同。

当两条直线这样相交，就形成了一个直角。

我们这样标示直角。

长方形中的角都是直角。

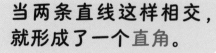

1 圈出下面的直角。

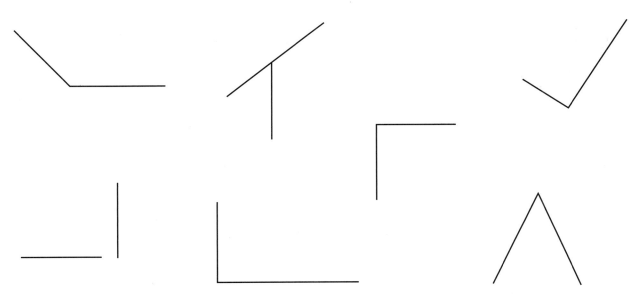

2 圈出含有直角的图形。

比较角的大小

准 备

我们可以怎样比较这些角的大小呢？

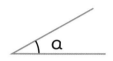 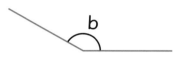

举 例

 可以用三角尺来比较。

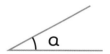

角a比直角小。

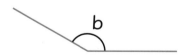

角b比直角大。

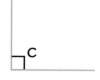

角c是一个直角。

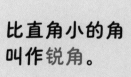

比直角小的角叫作锐角。

比直角大的角叫作钝角。

10

1 写出下列角是锐角、钝角，还是直角。

(1)
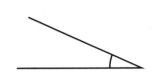

(2)

(3)
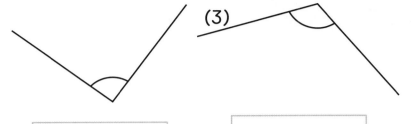

(4)
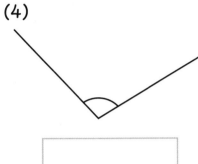

(5)
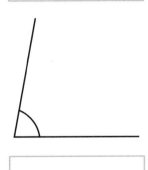

2 (1) 写出只含有直角的图形。

(2) 写出只含有锐角的图形。

(3) 画出一个含有一个钝角和两个锐角的图形。

转一转身

准 备

鲁比和艾略特怎么转身才能面向对方？

举 例

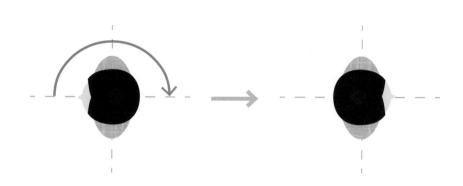

我可以顺时针或逆时针转半圈。

我可以顺时针转四分之三圈。

我也可以逆时针转四分之一圈。

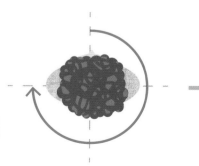

练习

1 描述每个孩子是怎么转身的。

(1)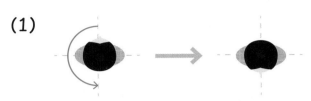

鲁比  转了 ____圈。

(2)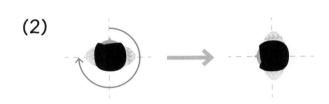

拉维  转了 ____圈。

(3)

萨姆  转了 ____圈。

2 画出箭头旋转后的指向。

(1) 旋转半圈。

(2) 顺时针旋转四分之一圈。

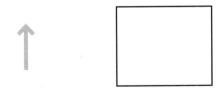

(3) 逆时针旋转四分之三圈。

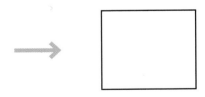

3 圈出旋转半圈后形状几乎不变的字母。

A E N O S T X Z

垂线的判定

准 备

我们如何描述线段AB与线段BC的关系？

举 例

线段AB与BC相交之处形成了一个直角。

相交之处形成一个直角的两条线互相垂直。

这本书有四组垂线。

线段AB与线段BC垂直。

线段AB与线段DA垂直。

线段DA与线段DC垂直。

线段DC与线段CB垂直。

1 给含有垂线的图形涂色。

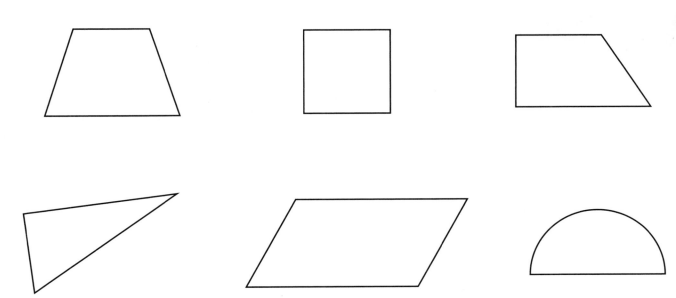

2 画出一组垂线。

平行线的判定

准 备

我们可以怎样描述梯子踏板间的关系？

这是一块踏板。

举 例

踏板之间互不相交，没有形成角。

平行线无论延伸至多远，永远不会相交。

如果我把这些踏板延长，它们也不会相交。

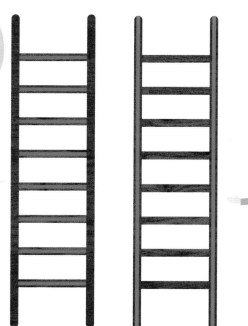

梯子的两边也互相平行。

梯子的所有踏板都是互相平行的。

1 写或画出生活中含有平行线的物体。

2 在网格中画出一组平行线。

3 给含有平行线的图形涂色。

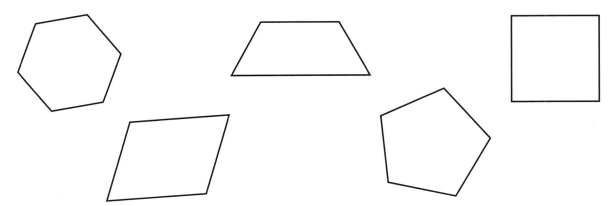

垂直和平行

准 备

我们可以怎么描述
窗户的边？

举 例

窗户的两条边与
地面平行。

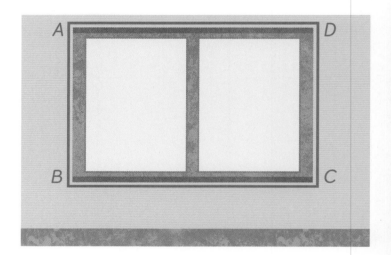

另外两条边与地面
垂直。

线段AD和BC与地面平行。

线段AB和DC与地面平行。

1

观察书架，圈出正确的词。

(1) 书架的隔板与地面（平行/垂直）。

(2) 书脊与地面（平行/垂直）。

(3) 书架的侧边与地面（平行/垂直）。

(4) 书架的顶部与地面（平行/垂直）。

2 用"平行"或"垂直"将句子补充完整。

(1) 当我站立时，我与地面 [　　　　　　　　　　]。

(2) 当我平躺在床上时，我与地面 [　　　　　　　　　　]。

(3) 路灯柱与地面 [　　　　　　　　　]。

(4) 桌面与地面 [　　　　　　　　　]。

描述平面图形

准 备

我们可以怎样描述平面图形的边和角？

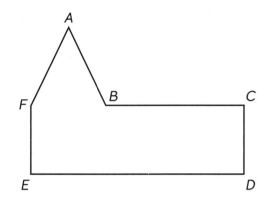

举 例

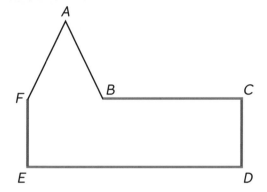

线段BC与ED平行。
线段FE与CD平行

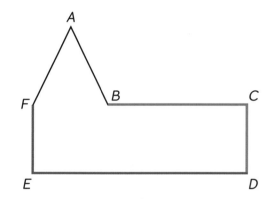

线段BC与CD垂直。
线段FE与ED垂直。

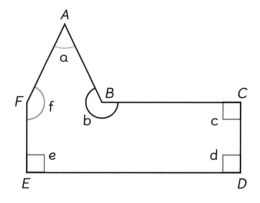

角a是锐角，它比直角小。
角f是钝角，它比直角大。
角c、角d和角e是直角。

角b比一条直线的角度还要大，这样的角我们叫作优角。

1 完成表格。有就画 √，没有就画 X 。

图形	平行线	垂线	锐角	直角	钝角
◺					
□					
⬠					
⏢					

2 观察图形并填空。

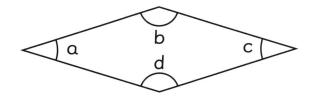

(1) 该图形内有几个角？ ⬚

(2) ⬚ 和 ⬚ 是锐角。

(3) ⬚ 和 ⬚ 是钝角。

绘制平面图形

准 备

艾略特可以借助什么工具画出这些图形？

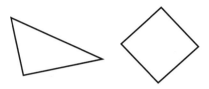

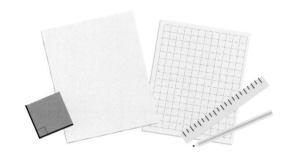

举 例

艾略特用三角尺和直尺画了一个正方形。

正方形有4个直角和4条相等的边。

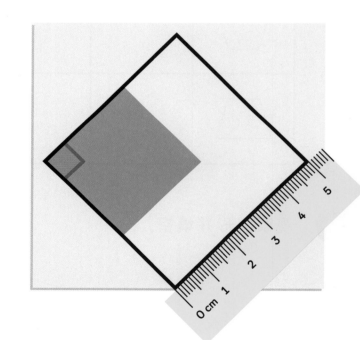

他在方格纸中画了一个三角形。

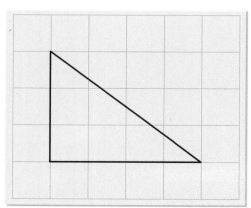

1 用下面的1厘米方格纸画出：

(1) 一个边长为5厘米的正方形；

(2) 一个直角三角形，一条水平直角边长5厘米，另一条垂直直角边长4厘米；

(3) 一个长7厘米、宽3厘米的长方形。

2 给对称图形画出对称轴。

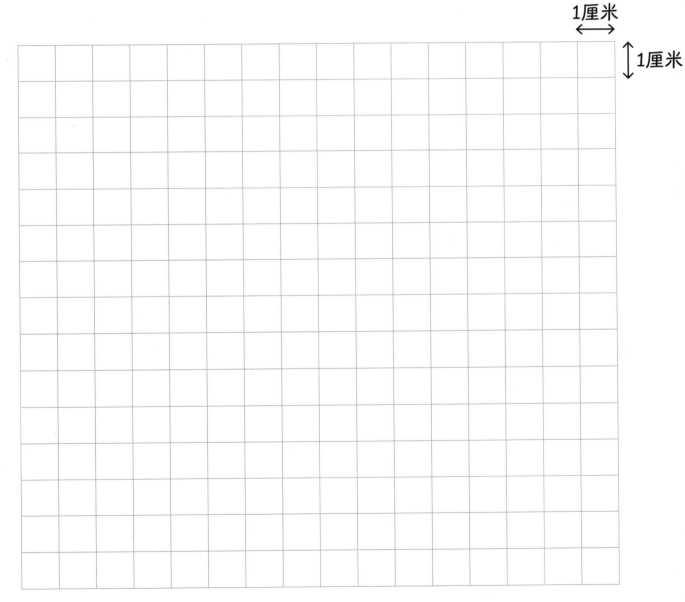

1厘米

1厘米

制作立体图形

准 备

把这个展开图折叠起来，能得到什么立体图形？

展开图是指能够折叠成立体图形的图。

举 例

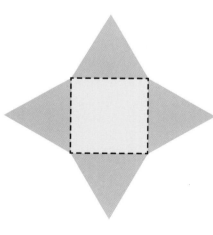

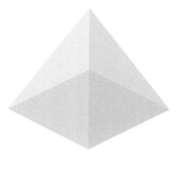

这是一个四棱锥。

艾玛把展开图折叠起来，这样侧边就重合了。

1 这些展开图能折叠成什么图形？

将正方体、长方体、圆柱体和三棱柱写在对应的展开图下方。

(1)

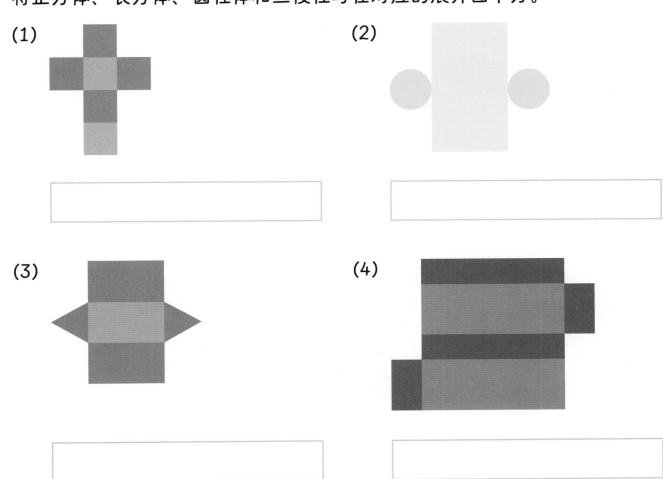

(2)

(3)

(4)

2 圈出可以折叠成正方体的展开图。

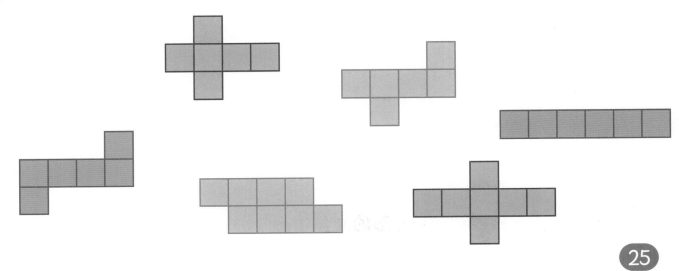

描述立体图形

准备

我们可以怎样描述这些长方体？

举例

这是一个面。

所有的面都是长方形。

这是一条棱。连接两个顶点的线叫作棱。

两条边相交的点叫作顶点。

这是一个特殊的长方体。它的所有面都是正方形，我们把这种长方体叫作正方体。

我能看到这个图形既有平行线，又有垂线。

所有的长方体都有6个面、12条棱。

长方体是指所有的面都是长方形的立体图形。

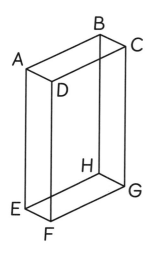

观察图形并填空。

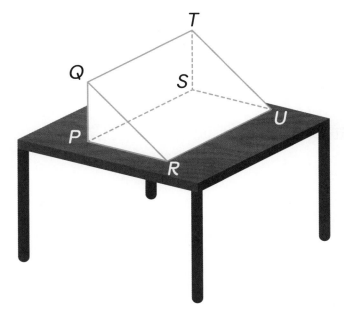

1 它有多少条棱？

2 找出3组平行线。

3 找出3组垂线。

4 (1) 它有几个面？

(2) 有几个面是三角形？

(3) 有几个面是长方形？

测量周长

准备

查尔斯用一段12厘米长的金属丝制成了一个正方形。

同样的一段金属丝能够制成一个长方形吗？

举 例

正方形有4条相等的边。
查尔斯用12厘米长的金属丝制成了一个边长为3厘米的正方形。

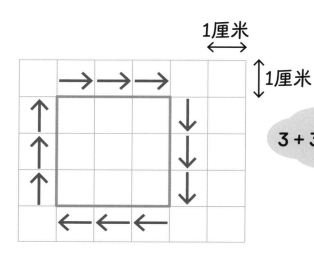

1厘米

1厘米

3 + 3 + 3 + 3 = 12

长方形有2条相等的长边和2条相等的短边。
查尔斯又用这段12厘米长的金属丝制成了一个长方形。

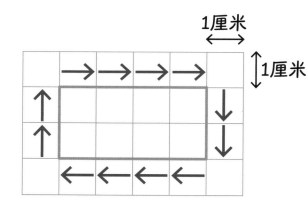

1厘米

1厘米

一个图形所有边的
总长度叫作周长。

把边长相加。
4 + 2 + 4 + 2 = 12

查尔斯可以用12厘米长的金属丝制成一个边长3厘米的正方形，或者长4厘米、宽2厘米的长方形。

每个长方形的周长分别为多少？

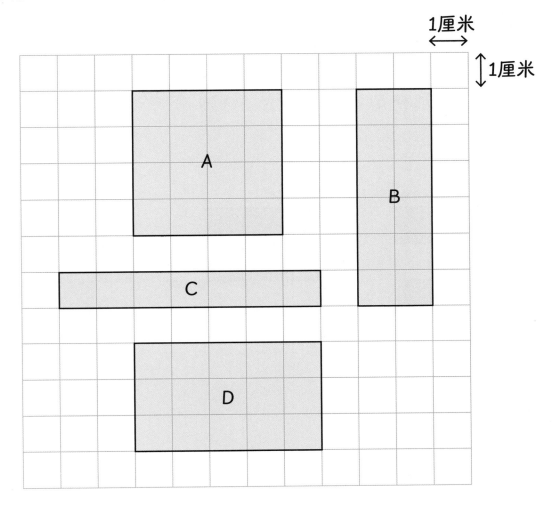

1厘米

1厘米

1 长方形A的周长为 ☐ 厘米。

2 长方形B的周长为 ☐ 厘米。

3 长方形C的周长为 ☐ 厘米。

4 长方形D的周长为 ☐ 厘米。

5 你发现这些长方形的周长有什么特点？

用网格测量周长

准 备

6个相同的正方形拼成不同的图形，它们的周长都相等吗？

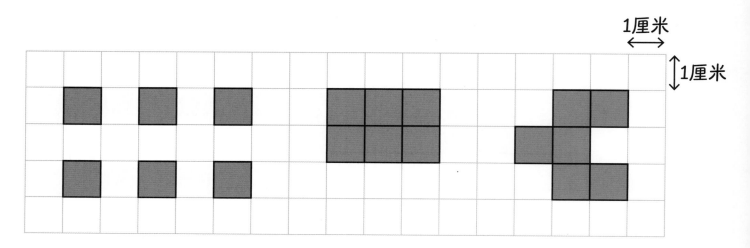

举 例

它的周长是10厘米。

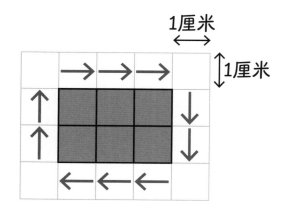

它的周长是14厘米。

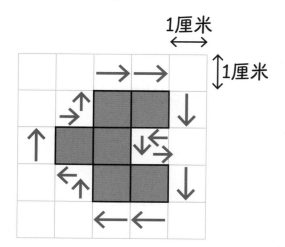

两个图形都是由6个相同的正方形拼成的，但是它们的周长不同。

30

1 用5个相邻的正方形拼成不同的图形。
画得越多越好。

2 (1) 计算每个图形的周长。

(2) 你发现这些图形的周长有什么特点?

测量不规则图形的周长

准备

我们怎样计算这一图形的周长?

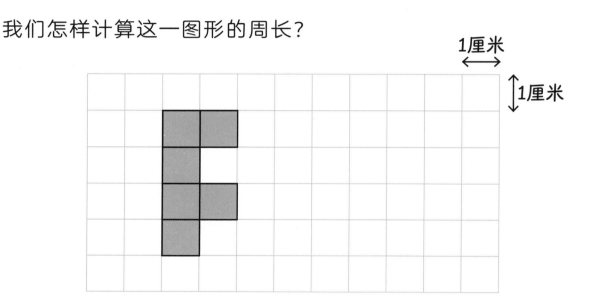

1厘米

1厘米

举例

艾玛用圆点标记她开始计数的位置。

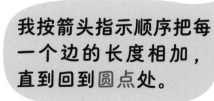

我按箭头指示顺序把每一个边的长度相加，直到回到圆点处。

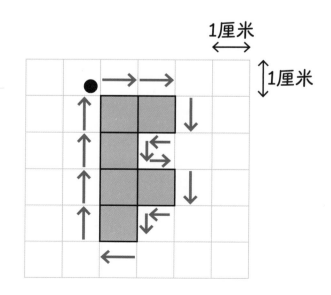

1厘米

1厘米

这个图形的周长是14厘米。

计算每个图形的周长。

1厘米

1厘米

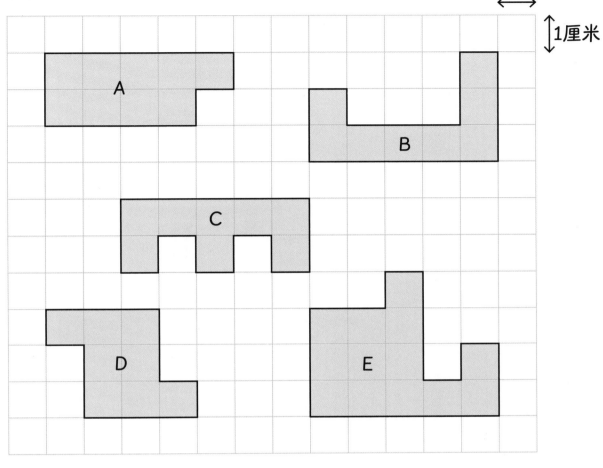

① 图形A的周长为 ☐ 厘米。

② 图形B的周长为 ☐ 厘米。

③ 图形C的周长为 ☐ 厘米。

④ 图形D的周长为 ☐ 厘米。

⑤ 图形E的周长为 ☐ 厘米。

用尺子测量周长

准备

我们怎样计算五边形的周长？

五边形有5条边。

举例

我们可以用尺子测量五边形的边长。

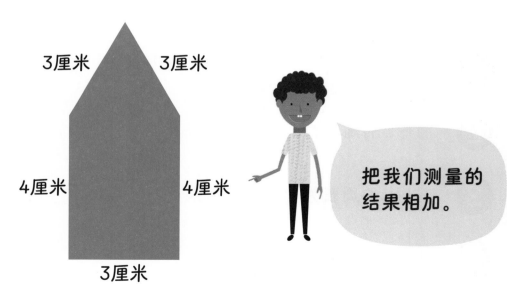

把我们测量的结果相加。

3 + 4 + 3 + 4 + 3 = 17

五边形的周长是17厘米。

1 用尺子测量并计算该图形的周长。

周长 = ☐ 厘米

2 只测量该平行四边形的两条边，并计算它的周长。

周长 = ☐ 厘米

3 通过测量规则图形的一条边计算周长。

(1)

周长 = ☐ 厘米

(2)

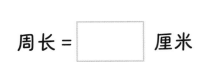

周长 = ☐ 厘米

计算规则图形的周长

准 备

我们怎样计算这一图形的周长？

3厘米

举 例

正方形四条边的长度相等。
我们只需知道一条边长就能计算周长。

$3 + 3 + 3 + 3 = 12$

这个正方形的周长为12厘米。

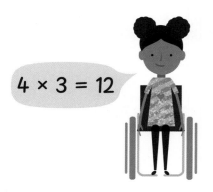

$4 × 3 = 12$

计算长方形的周长，我们需要知道它的长和宽。

5厘米

2厘米

$2 + 5 + 2 + 5 = 14$

这个正方形的周长为14厘米。

$2 × 2 = 4$
$2 × 5 = 10$

1 计算这些规则图形的周长。

(1)

2厘米

周长 = ☐ 厘米

(2)
3厘米

周长 = ☐ 厘米

(3)
2厘米

周长 = ☐ 厘米

(4)
2厘米

周长 = ☐ 厘米

2 一个正方形的周长为20厘米。
它的每条边长是多少?

☐ 厘米

3 计算这个正八边形的周长。

1厘米

周长 = ☐ 厘米

计算不规则图形的周长

准备

拉维的父母有一块菜地。他们想买一些栅栏防止胡萝卜被偷。

他们需要买多少米栅栏？

举例

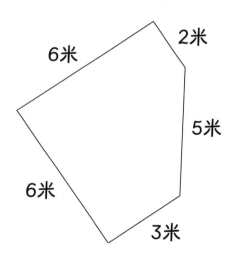

我们需要知道菜地的周长。菜地的周长可以用滚轮测量。

我们要把这些长度相加。

2 + 5 + 3 + 6 + 6 = 22

周长是22米。

拉维的父母需要买22米栅栏。

计算每个图形的周长。

1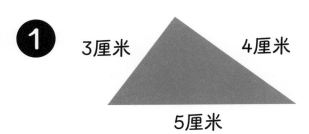

3厘米　　4厘米

5厘米

周长 = ☐ 厘米

2

2厘米

3厘米

3厘米

3厘米

4厘米

周长 = ☐ 厘米

3

3厘米

2厘米

3厘米

2厘米

4厘米

周长 = ☐ 厘米

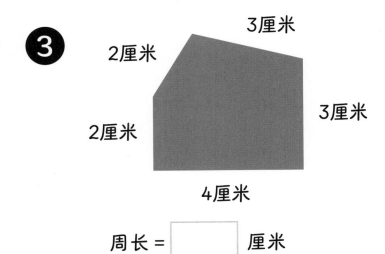

1 标出下面图形的直角。
你能找到几个直角？

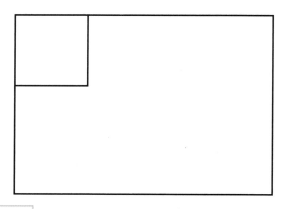

这个图形有 ☐ 个直角。

2 用四分之一圈、半圈、四分之三圈描述每个图形旋转的圈数。

(1)

这个图形顺时针旋转了 ☐ 。

(2)

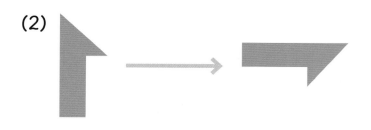

这个图形逆时针旋转了 ☐ 。

(3)

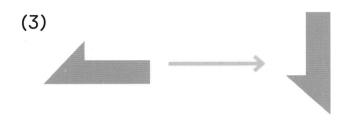

这个图形逆时针旋转了 _____ 。

3 画出另一条线组成对应的角。

(1)　　　　　　　　　(2)　　　　　　　　　(3)

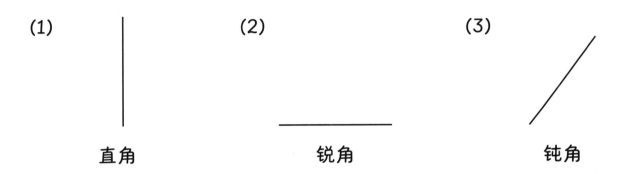

直角　　　　　　　　　锐角　　　　　　　　　钝角

4 (1) 圈出至少含有一组平行线的图形。

(2) 给至少含有一组垂线的图形涂色。

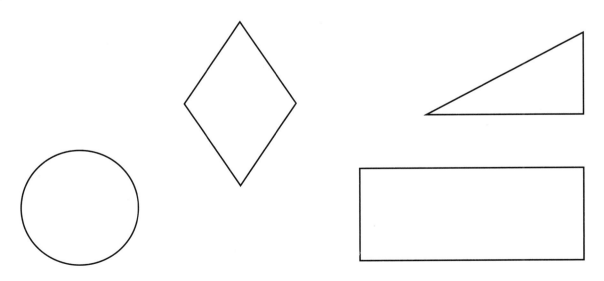

5 观察图形并填空。

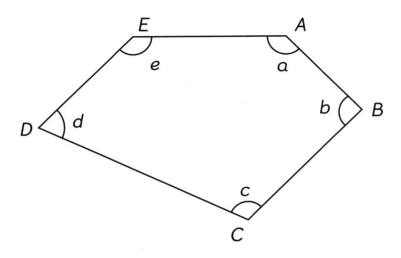

(1) 线段 [   ] 和 [   ] 平行。

(2) 角 [   ] 是直角。

(3) 角 [   ] 是锐角。

(4) 角 [   ]、角 [   ] 和角 [   ] 是钝角。

6 画出一个边长为5厘米的正方形。

7 画出一个长6厘米、宽3厘米的长方形。

8 每个图形分别有几个面？几个顶点？几条棱？

	面数	顶点数	棱数
正方体 			
长方体			
四棱锥			

9 一个长方形的周长为20厘米。
其中一条边长为3厘米。
其余三条边长分别为多少？

☐ 厘米，☐ 厘米，☐ 厘米

10 计算以下图形的周长。

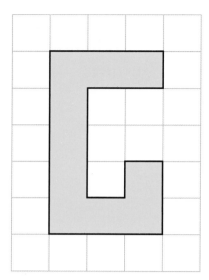

周长 = ☐ 厘米

11 画出5个互不相同且周长均为20厘米的图形。

12 查尔斯把一个长方形剪成了两半。

4厘米

5厘米

(1) 原来的长方形周长为多少？

原来的长方形周长为 ☐ 厘米。

(2) 两个小长方形的总周长为多少？

两个小长方形的总周长为 ☐ 厘米。

(3) 查尔斯把两个小长方形剪成了四个。
这四个长方形的总周长为多少？

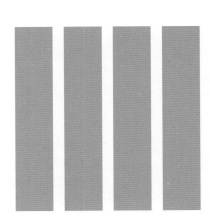

这四个长方形的总周长为 ☐ 厘米。

参考答案

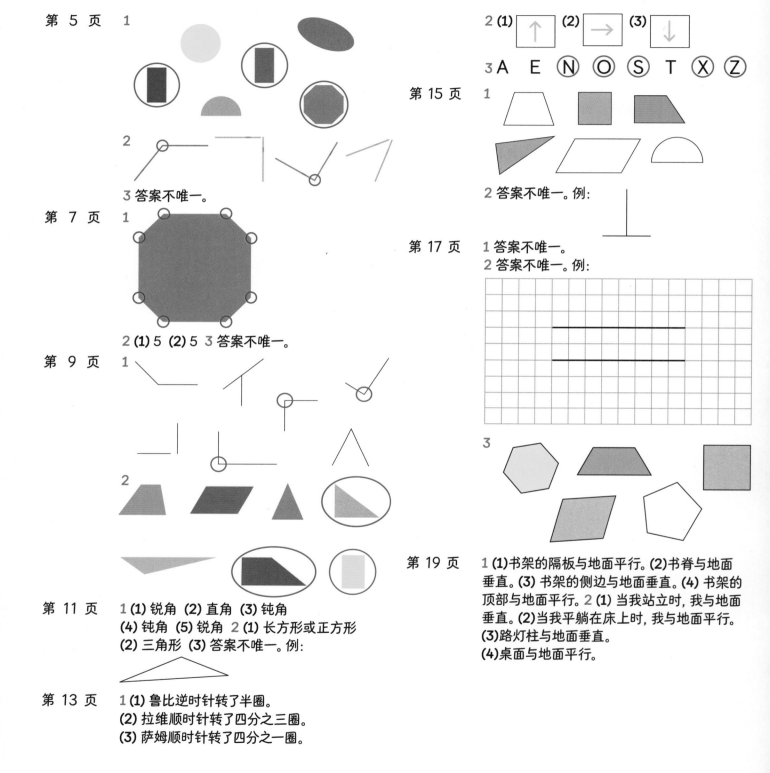

第 5 页　1

2

3 答案不唯一。

第 7 页　1

2 (1) 5　(2) 5　3 答案不唯一。

第 9 页　1

2

第 11 页　1 (1) 锐角　(2) 直角　(3) 钝角
(4) 钝角　(5) 锐角　2 (1) 长方形或正方形
(2) 三角形　(3) 答案不唯一。例:

第 13 页　1 (1) 鲁比逆时针转了半圈。
(2) 拉维顺时针转了四分之三圈。
(3) 萨姆顺时针转了四分之一圈。

2 (1) ↑　(2) →　(3) ↓

3 Ⓐ　E　Ⓝ　Ⓞ　Ⓢ　T　Ⓧ　Ⓩ

第 15 页　1

2 答案不唯一。例:

第 17 页　1 答案不唯一。
2 答案不唯一。例:

3

第 19 页　1 (1)书架的隔板与地面平行。(2)书脊与地面
垂直。(3) 书架的侧边与地面垂直。(4)书架的
顶部与地面平行。2 (1) 当我站立时, 我与地面
垂直。(2)当我平躺在床上时, 我与地面平行。
(3)路灯柱与地面垂直。
(4)桌面与地面平行。

第 21 页　　1

图形	平行线	垂线	锐角	直角	钝角
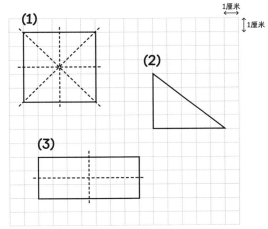 直角三角形	✗	✓	✓	✓	✗
正方形	✓	✓	✗	✓	✗
五边形	✗	✗	✗	✗	✓
梯形	✓	✗	✓	✗	✓

2 (1) 4 (2) a和c是锐角。
(3) b和d是钝角。

第 23 页　　1

第 25 页　　1 (1) 正方体　(2) 圆柱体
(3) 三棱柱　(4) 长方体
2

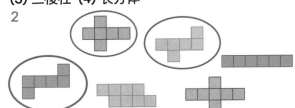

第 27 页　　1 9条　2 可能的答案有: QP和TS,QT和PS,
PR和SU,PS和RU,QR和TU,QT和RU。
3 可能的答案有: QP和PR,QP和PS,PS和
SU,PR和PS,TS和SU,QT和TS,QP和QT,PS
和ST,PR和RU。
4 (1) 5个　(2) 2个　(3) 3个

第 29 页　　1 长方形A的周长为16厘米。
2 长方形B的周长为16厘米。
3 长方形C 的周长为16厘米。
4 长方形D 的周长为16厘米。
5 4个长方形的周长相等。

第 31 页　　1 答案不唯一。例:

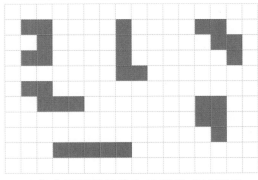

2 (1) 每个图形的周长为10厘米或12厘米。
(2) 每个图形的周长要么为10厘米,要么为12厘米。

第 33 页　　1 图形A的周长为14厘米。
2 图形B的周长为18厘米。
3 图形C的周长为18厘米。
4 图形D的周长为14厘米。
5 图形E的周长为20厘米。

第 35 页　　1 周长 = 11厘米
2 周长 = 18厘米
3 (1) 周长 = 12厘米
(2) 周长 = 10厘米

第 37 页　　1 (1) 周长 = 8厘米
(2) 周长 = 9厘米
(3) 周长 = 10厘米
(4) 周长 = 12厘米
2 5厘米　3 周长 = 8厘米

第 39 页　　1 周长 = 12厘米
2 周长 = 15厘米
3 周长 = 14厘米

第 40 页　　1

这个图形有9个直角。

2 (1) 这个图形顺时针旋转了半圈。(2) 这个图形逆时针旋转了四分之三圈。

第 41 页　　(3) 这个图形逆时针旋转了四分之一圈。
3 答案不唯一。例:

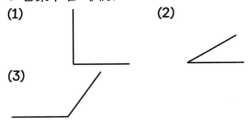

4 (1~2)

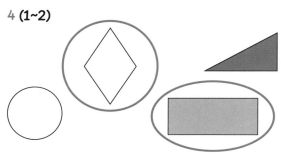

第 43 页

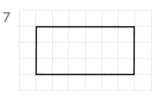

7

第 42 页 5 (1) 线段*BC*和*DE*平行。
(2) 角b是直角。 (3) 角d是锐角。
(4) 角a、角c和角e是钝角。

6

8

	面数	顶点数	棱数
正方体	6	8	12
长方体	6	8	12
四棱锥	5	5	8

9 3厘米, 7厘米, 7厘米

第 44 页 10 周长 = 22厘米
11 答案不唯一。

第 45 页 12 (1) 原来的长方形周长为18厘米。
(2) 两个小长方形的总周长为28厘米。
(3) 这四个长方形的总周长为48厘米。